大自然的美学

自然界的形状和图案

[捷]亚娜·塞德拉科娃 斯捷潘卡·塞卡尼诺娃 著
[捷]玛格达莱娜·科内奇纳 绘 胡运彪 译

河北科学技术出版社
·石家庄·

目录

导言

秋天来了，地面上覆盖着一层大小不一、形状各异的落叶。它们的形状有些像手掌，有些像心脏，还有些叶子的边缘是波浪形或者锯齿形。大自然为每一片叶子都赋予了微小脉络，这些脉络的模式就像我们的指纹，独一无二。植物、动物和矿物不会无缘无故地就拥有各种各样的形状和五颜六色的图案——它们都有着非常独特及重要的意义。

叶子的作用

向日葵宽大的叶子，如同迷你船帆一般，能够捕捉到更多的阳光；针叶树狭窄的叶子，细如缝衣针，非常适合抵挡猛烈的风暴。

捉迷藏

植物和动物利用多样的形状和图案来相互交流。黑黄条纹看起来就很危险，绝对能够让人感到惊悚。冬天来临后，白鼬会换下夏日里的棕色外套，披上雪白的伪装服，在雪地里无忧无虑地嬉戏。咦，快看你面前的竹节虫，它看起来像什么呢？

伪装大师变色龙

有些动物可以根据自己的心情来改变身体的颜色，比如变色龙。变色龙有三层独特的皮肤细胞，细胞中含有不同的色素。当这些细胞混合在一起时，便可以在惊讶、满足、烦恼等情绪出现时显现出不同的色彩。在身体疲惫时，变色龙的皮肤会变为灰绿色；而在遇到心仪的伴侣时，则会散发出最绚丽的色彩。

自然界中的重复

你有没有注意到，一些形状和图案在自然界里一次又一次地出现？很久以前，人们依靠它们来探索和理解荒野中那看不见的秩序。而如今，数学家们已经可以用一些数学方程来准确地表达这些神秘的形状和图案啦！

胡萝卜
芝麻菜
向日葵叶子
薰衣草
翡翠珠
莴苣缬草
球生菜
皱叶甘蓝
薄荷
蓍
红车轴草
红醋栗
玉簪
野草莓
巨刺竹节虫
异株荨麻
长叶车前草
酢浆草
节毛飞廉
欧羽衣草
欧洲鳞毛蕨
披针形
卵圆形
心形
匙形
羽状全裂
羽状

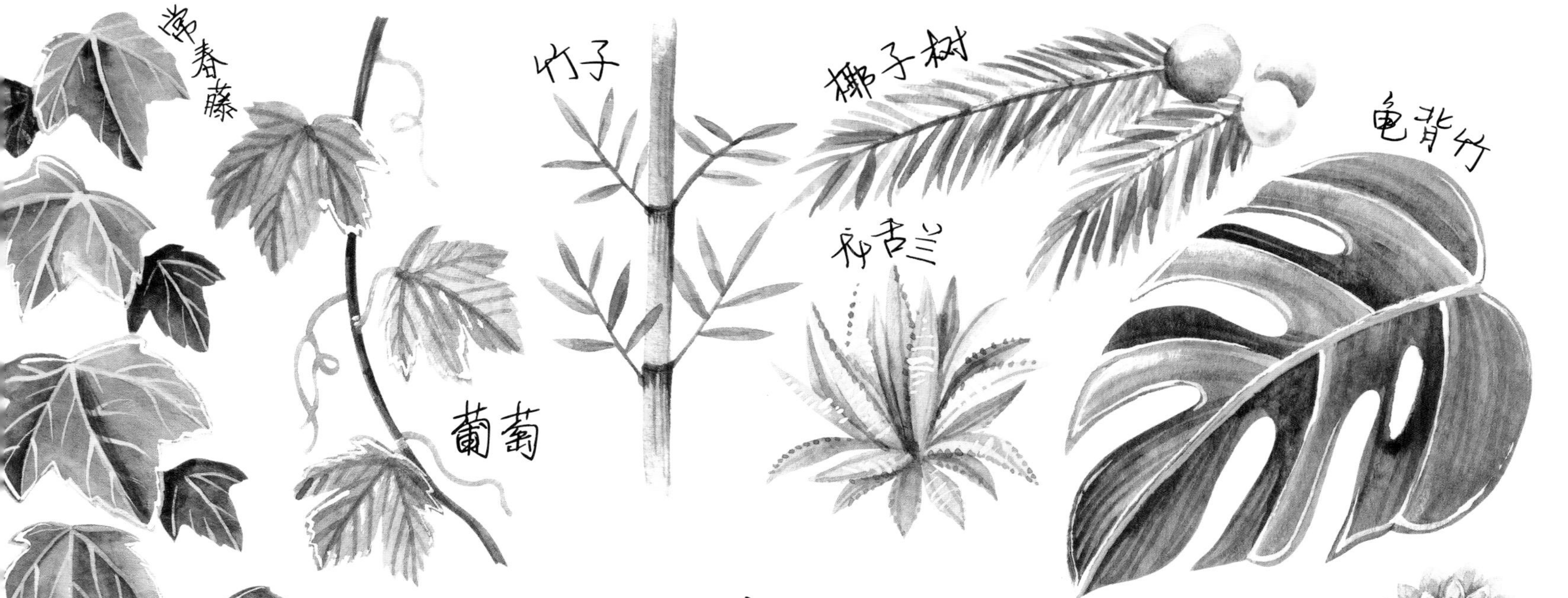

叶子

绿叶努力捕捉着阳光，这样植物才能快乐地成长和生活。无论叶子是宽的还是窄的，尖的还是心形的，都能如愿以偿得到阳光的爱抚。而当旱季来临时，它们宁愿自己脱落也不愿看着心爱的躯干干渴。

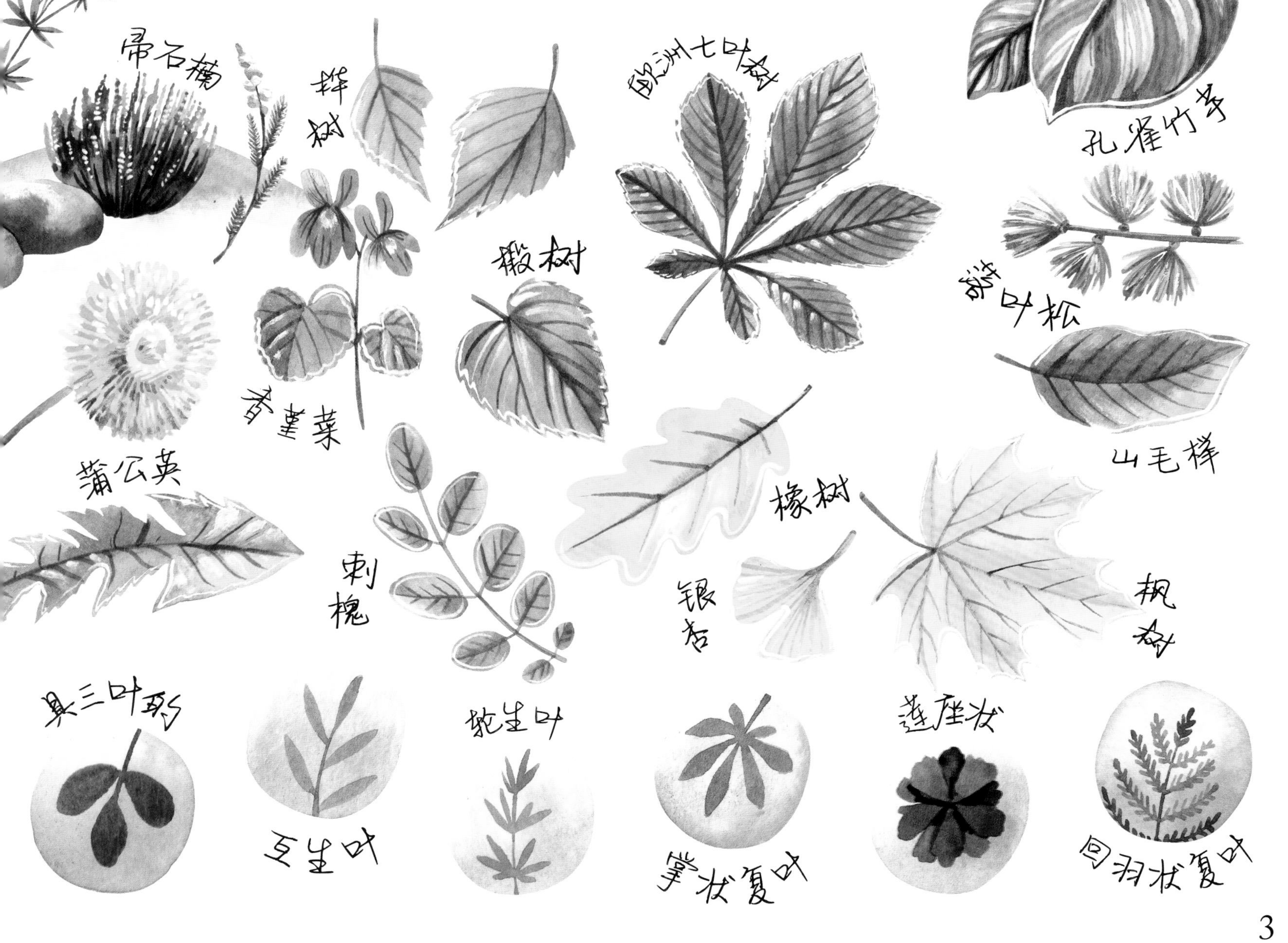

山毛榉
橡树
刺柏
黑杨
条纹枫树
野樱桃
美洲山杨
欧洲赤松
苹果树
桉树
欧洲云杉
心叶椴
一球悬铃木
欧亚槭
鹅耳枥
大花四照花
美丽异木棉
白桦
橡树
白柳
欧洲赤松
欧洲云杉
剥桉

树皮

树皮之于树，就像皮肤之于人。无论光滑还是粗糙，树皮都能保护树木的枝干免受太阳的炙烤、暴雨的冲刷以及冬天的冰冻。随着岁月的流逝，树皮上的皱纹和裂缝会越来越多，直到彻底剥落长出新树皮。新树皮静静地等待召唤，承担起照顾大树的责任。

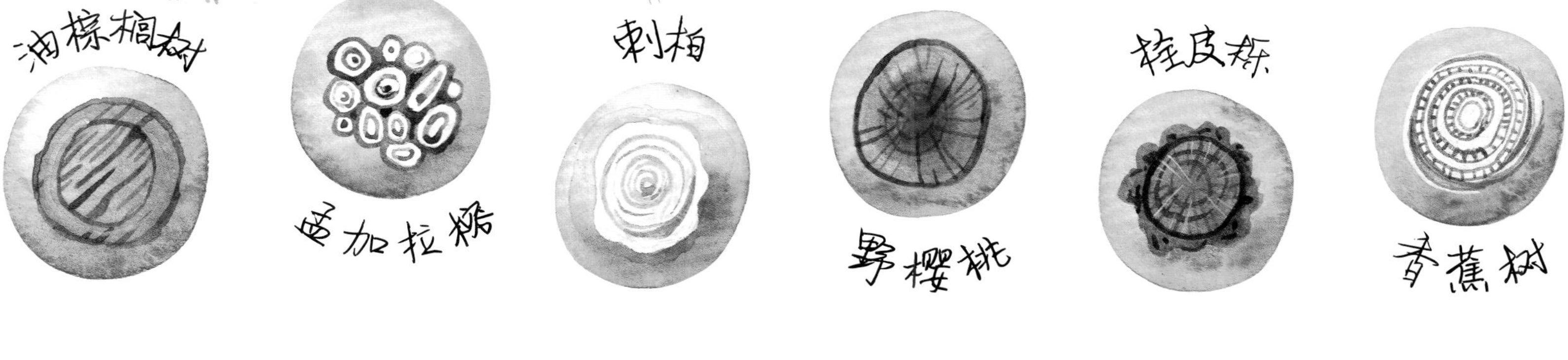

马缨丹
花毛茛
秋水仙
野芝麻
忍冬
倒挂金钟
山茶
雏菊
老鹳草
无茎勿忘草
火绒草
天人菊
一枝黄花
白玉草
丽晃
大刺芹
虞美人
柳穿鱼
小蔓长春花
大星芹
西番莲
非洲菊
欧蜂斗菜
野胡萝卜
阿尔泰贝母
铁筷子花
大花葱
雪滴花
玉竹
马其顿川续断
沼泽大戟
桔梗
波斯菊
三色堇
矢车菊
星状花
唇形花
散盘状
漏斗状花
钟状花
舌状花

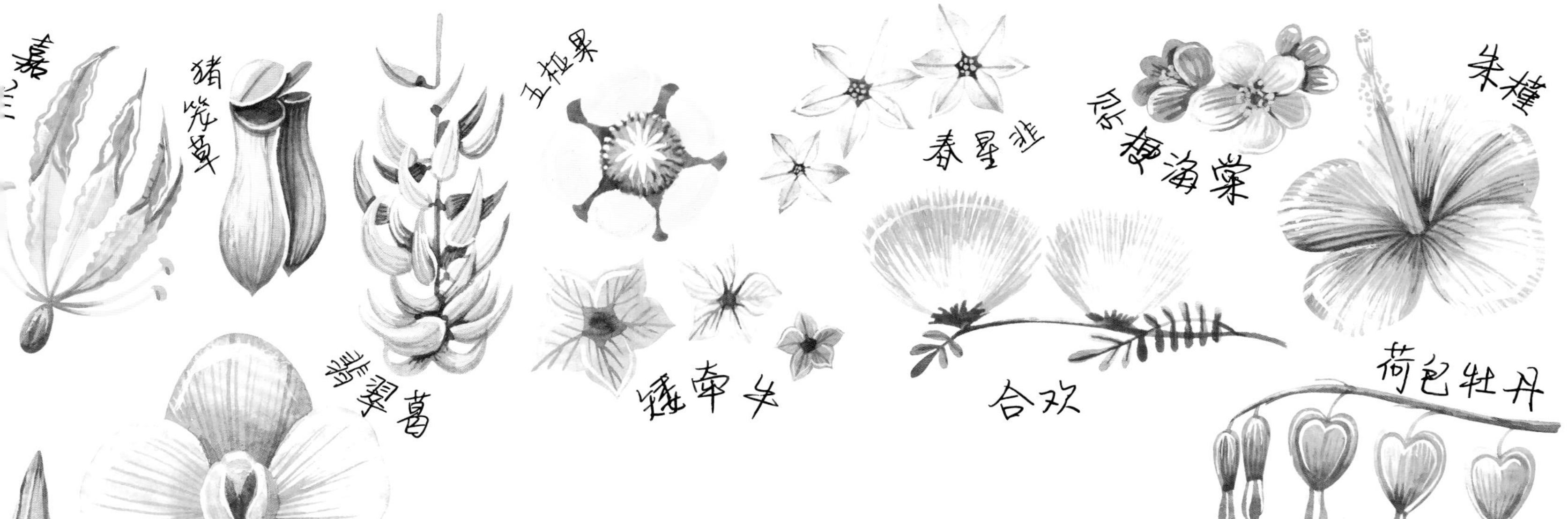

花朵

那些形态各异的、婀娜多姿的、五颜六色的花朵，用各自的美丽吸引着传播花粉的昆虫。昆虫们争先恐后地飞过来，肆意地吸吮芳香的花蜜，最后心满意足地带着花粉离去，传播到更远的地方。明年肯定会绽放更多的花朵。

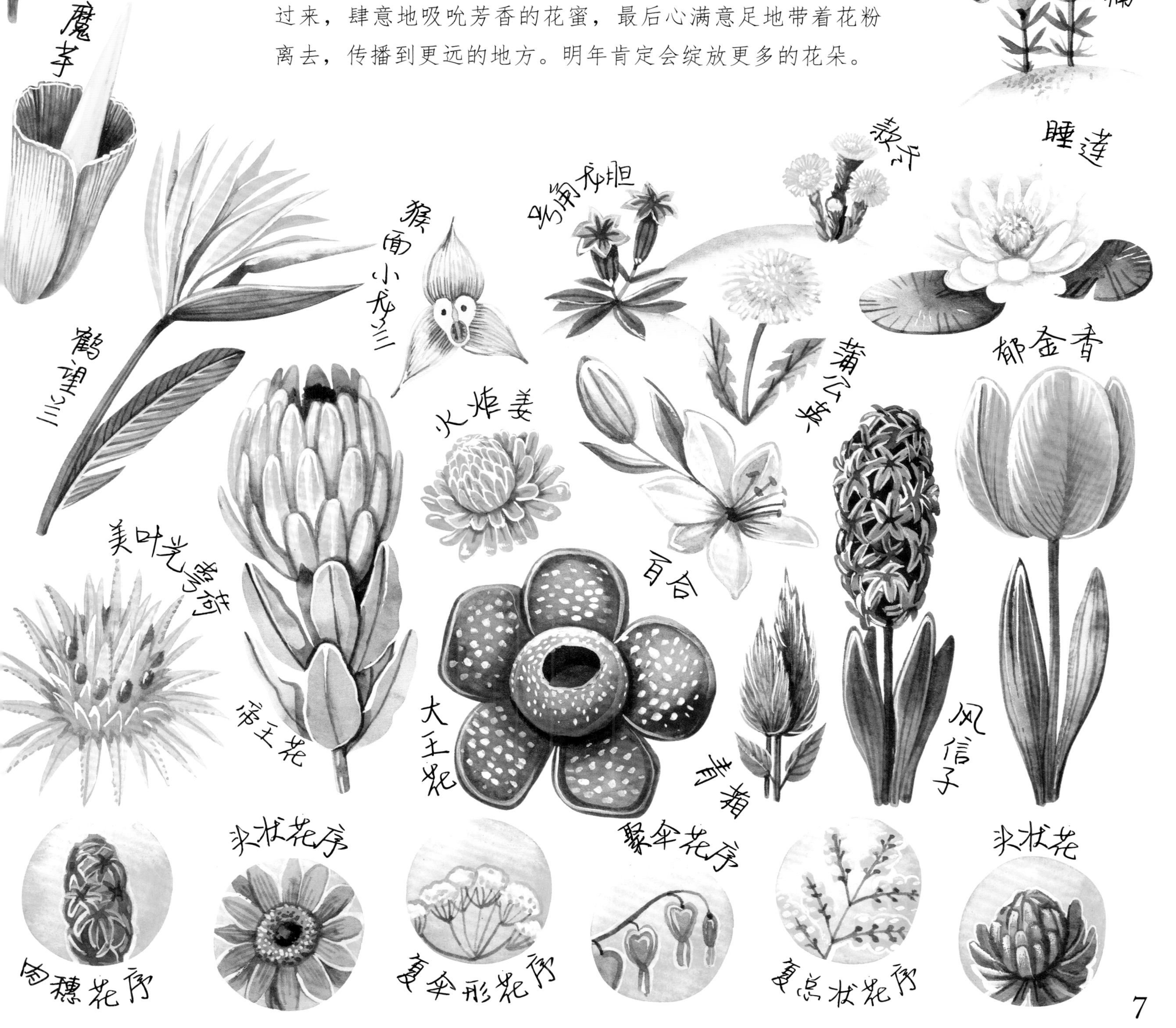

西瓜
草莓
黄瓜
木瓜
萝卜
石榴
红醋栗
甜瓜
树莓
荔枝
仙人掌果
红毛丹
山竹
柠檬
甜菜根
火龙果
杏
无花果
洋葱
西红柿
胡萝卜
醋栗
葡萄柚
辣椒
百香果
大黄
茄子
大蒜
橄榄
黄瓜
浆果
核果
梨果
柑橘
瓜类
热带水果

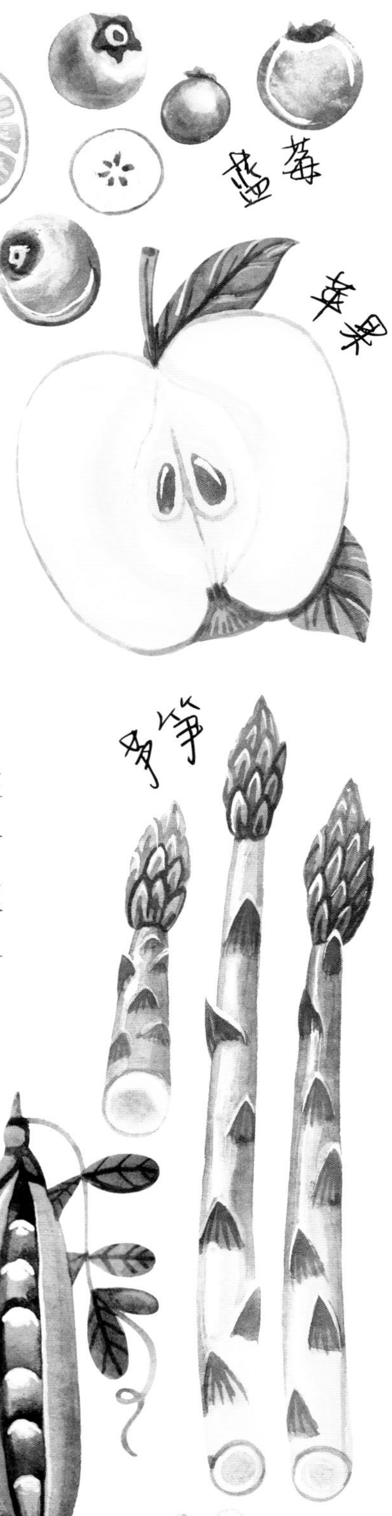

水果和蔬菜

鸡蛋状的、圆形的、尖的或者星形的……水果和蔬菜的形状如此多样。大自然赐予了我们各种口味的美食：甘甜的苹果、酸甜的猕猴桃、辛辣的辣椒和大蒜、略显苦涩的芦笋。要不要再试试洋蓟或者火龙果？不用担心，每个人都能找到符合自己口味的水果和蔬菜！

核桃
腰果
向日葵种子
椴树籽
橡子
老人须种子
扁桃仁
美国梧桐种子
柏树果子
栗子
山毛榉坚果
八角茴香
香荚兰种子
翅果
啤酒花
豌豆
云山球果
象耳豆豆荚
落羽杉
罂粟壳
小茴香
赤杨种子
榆荚
棉花
蒲公英
荚果
单翅果
瘦果
橡子
球果
双翅果

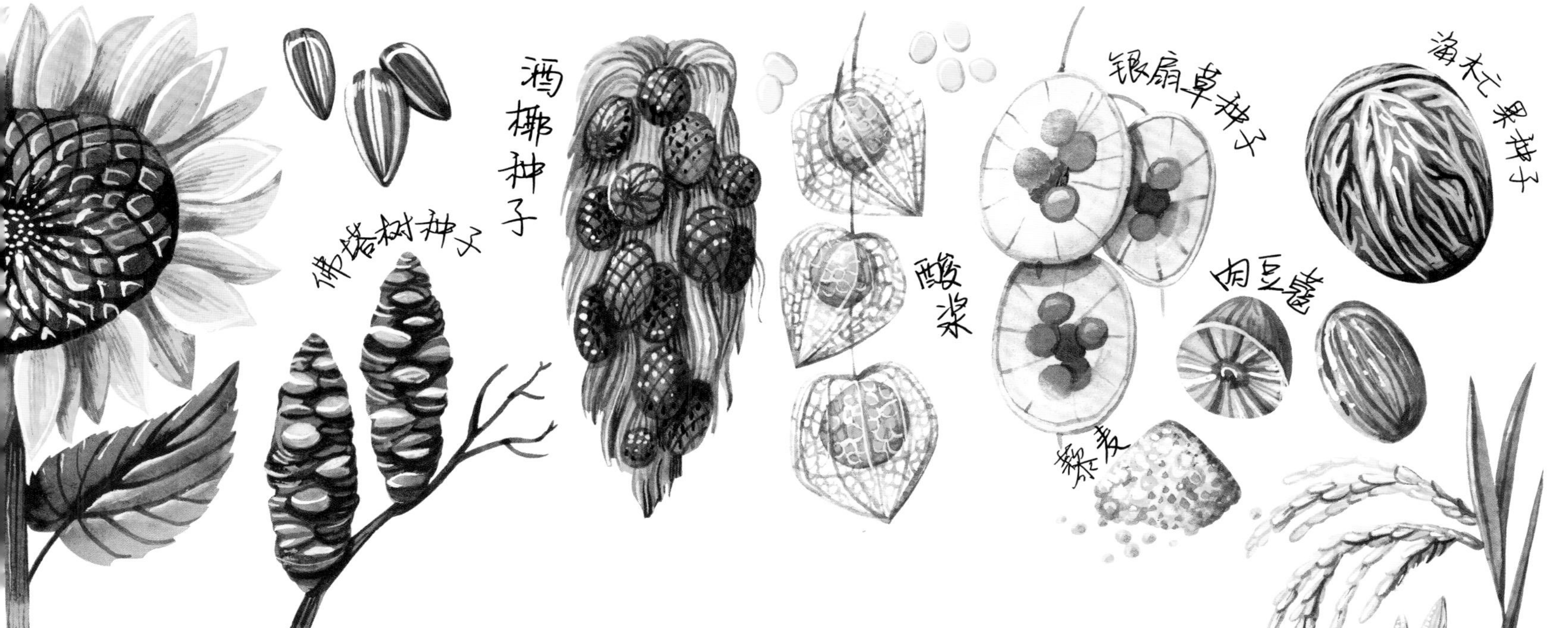

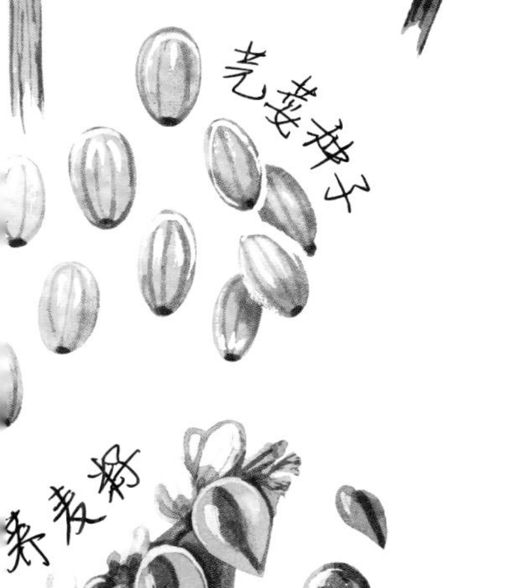

坚果和种子

种子其实没那么容易观察。一些种子会乘着柔软的降落伞在空中飞行，而有些种子会直接掉到地面上——砰！从细微的种子到稍大的坚果，它们都有一个共同的地方——小小的身体里蕴藏着新的生命，并勇敢地传播到更远的地方。

郁金香旋螺
女王凤凰螺
字码榧螺
枣螺
丽口螺
黑星宝螺
管螺
车轮螺
光芒长文蛤
涡螺
字母芋螺
飘带旋螺
刺香螺
女神涡螺
凤凰螺
美国笋螺
美东唐冠螺
左旋香螺
赤旋螺
南非蛾螺
海扇蛤
蕾丝千手螺
海狮螺
海胆乌尾蛤
帝王唐冠螺
光芒蝾螺
镜文蛤
玫瑰骨螺
黄边乌尾蛤
狮爪海扇蛤
牡蛎
蛏子
光芒长文蛤
乌尾蛤
美东唐冠螺
猫眼玉螺

贝壳

钙质的贝壳守护着软体动物的身体，它们为这个世界增添了许多美丽的色彩。双壳类动物的贝壳就像两个连在一起的碗，而单壳类动物的外壳则是螺旋状的，不管形状如何，它们都能给脆弱的身体提供坚实的保护。

耳朵弄蝶
美洲虎纹凤蝶
帕眼蝶
小斑蜻
加勒白眼蝶
玫瑰彩袄蛱蝶
月形天蚕蛾
苹果蠹蛾
斑衣蜡蝉
条纹长尾蛾
马达加斯加金燕蛾
皇家胡桃蛾
象形文夜蛾
红襟粉蝶
孔雀蛱蝶
小天使翠凤蝶
马达加斯加彗尾蛾
翠叶红颈凤蝶
南亚联珠凤蝶
角蝉
网蜻
美洲长翅露螽
枯球螺纹蛾
绿虎甲
乌桕大蚕蛾
蟑螂
蜜蜂和胡蜂
蜻蜓
竹节虫
蝉
甲虫

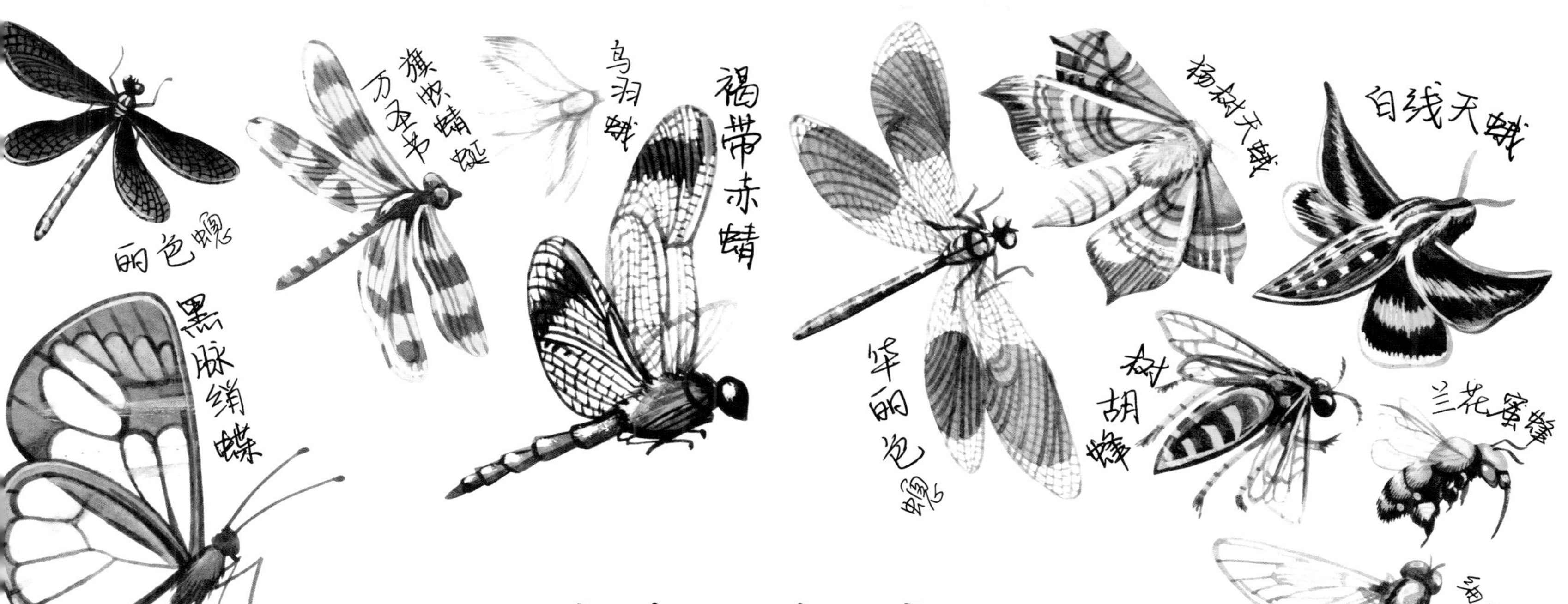

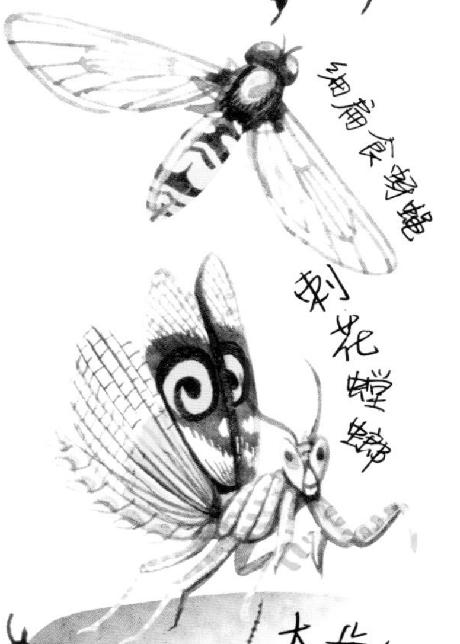

昆虫的翅

毛毛虫羽化成蝶时，从胸膛里迸出了一块皮肤，不一会就变成了美丽的翅——色彩斑斓、带着条纹，上面还覆盖着许多瓦片一样的小小鳞片。而甲虫们却选择了低调的方式，将透明的翅折叠后藏在了坚固的鞘翅下，防止受伤。

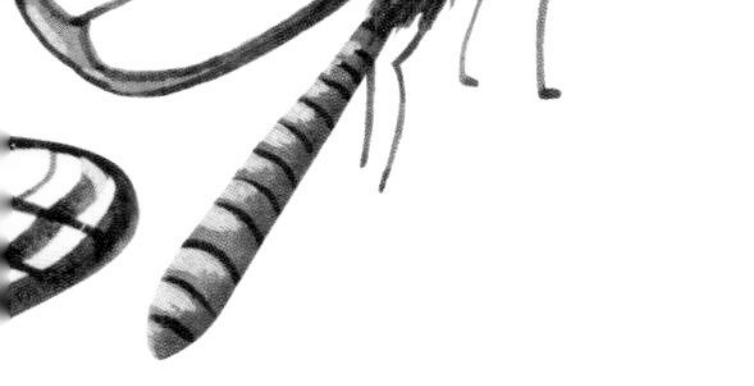

矛耙丽鱼
六带拟唇鱼
十带罗丽鲷
三角灯
大刺色鳅
红点真蛙鳚
霓虹脂鲤
镰鱼
小丑鱼
大神仙鱼
雷氏小噬土丽鲷
孔雀鱼
盘丽鱼
大口线塘鳢
花斑拟鳞鲀
刺鲀
玛格丽特鲋
拉氏假鳃鳉
剑尾鱼
考氏天竺鲷
珠母丽鱼
茉莉花鳉
鮟鱇
角高体金眼鲷
红尾黑鲨
圆鳞
盾鳞
腹鳍
栉鳞
硬鳞
背鳍

鱼鳍和鱼鳞

我们观察鱼鳞，可以得到很多信息。比如，鱼的年龄以及这条鱼曾经去过哪里；我们可以知道，这片鱼鳞是新长出来的，还是已经一千多年了。但话说回来，鱼儿才不在乎这些呢！不管有鳞还是没鳞，鱼儿们都会快速地摆动着鱼鳍，游向水底的安全地带，逃离我们人类好奇的目光。

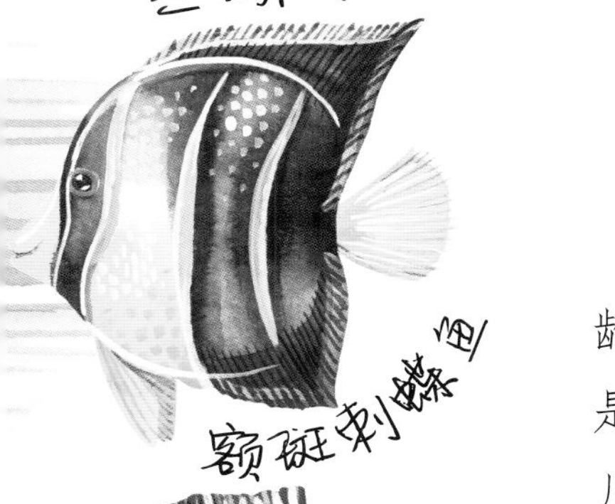

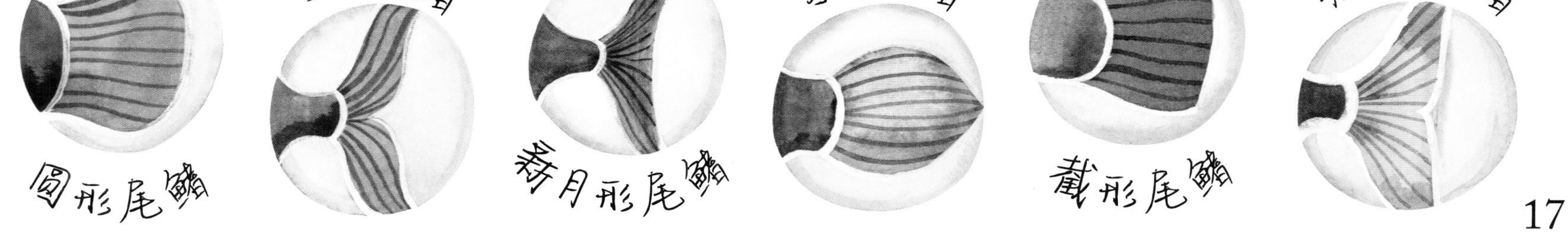

斑翅飞蜥
鸥灵箭毒蛙
纹树蛙
帕尔森氏变色龙
白化洪都拉斯奶蛇
乌绿树蔓蜥
网纹玻璃蛙
大壁虎
环颈蜥
迷彩箭毒蛙
扁身环尾蜥
绿鬣蜥
非洲食卵蛇
蓝尾石龙子
穿山甲
刺尾巨蜥
角蜥
彩斑非洲树蛙
玉米蛇
犀牛鬣蜥
豹蛙
犰狳环尾蜥
鼠妇
珊瑚蛇
不规则鳞片
规则鳞片
棘状鳞片
锥形鳞片
多边形鳞片
长菱形鳞片

皮肤和龟甲

如果没有皮肤，两栖动物和爬行动物将是赤裸裸的。角质化的皮肤可以防止它们的身体变成干巴巴的模样，但也让它们看起来有些可怕。时机成熟时，它们会用新皮肤替换旧皮肤，就像我们换外套一样。蛇会全身蜕皮换上新装，蜥蜴和乌龟则是一点一点地替换。乌龟就像满身盔甲的骑士——它们的肋骨能演化出保护身体的坚硬龟甲。

凤尾绿咬鹃
绿喉太阳鸟
绿肩翠鹛
冠蓝鸦
台湾蓝鹊
高山兀鹫
美洲雕鸮
太极乐鸟
鸵鸟
雪松太平鸟
白点扇尾鹟
红头咬鹃
黄腰太阳鸟
黑枕燕鸥
燕尾佛法僧
雀鹰
灰冕鹤
蓝孔雀
绒额木鸟
彩鹬
沙鸡
林鸳鸯
潜鸟
翼羽
绒羽
尾羽
正羽
半绒羽
蜂鸟的羽毛

鸟类的翅膀和羽毛

羽毛，到处都是羽毛！无论是绒羽还是正羽，都是每只鸟的骄傲！羽毛可以保护它们免受严寒。此外，羽毛也是大多数鸟类翅膀的组成部分，这些幸运的家伙只需简单地拍打双翅，便可飞翔，飞向太阳所在的地方……

猎豹
跳羚
豹
欧洲野猫
斑马
马赛长颈鹿
网纹长颈鹿
霍加狓
小花鼠
巴巴里草鼠
金仓鼠
加拿大臭鼬
美洲野牛
袋食蚁兽
斑点地鼠
虎鼬
赤狐
斑点狗
黇鹿
阿富汗猎犬
伊比利亚猞猁
孟加拉虎
萨摩耶犬
网纹毛皮
点斑状
斑纹状毛皮
条纹毛皮
污斑状
点状

皮毛和头发

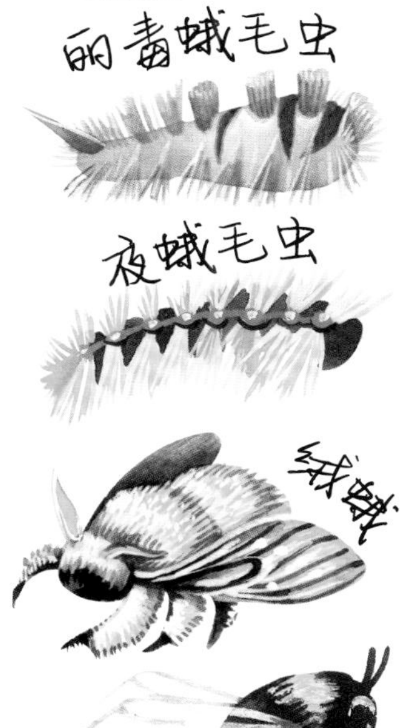

得益于皮毛上的条纹，稀树草原上的老虎可以隐藏在高草中，不被其他动物发现。当然，长脖子的长颈鹿还是有可能被发现。长颈鹿身上有着许多斑块，这些斑块不只起到展示的作用，还能帮助调节身体热量。头发和皮毛，无论长的、短的，还是直的或者弯的——哺乳动物们都离不开它们。你知道吗？就连刺猬身上的刺，也是一种毛发。

层状砂岩
金红石
钼铅矿
虎眼石
钒铅矿
霞石
铬铅矿
闪电玛瑙
云母石
琥珀
小石榴石
黄铁矿
砾岩
菱锰石
铁石英
赤铁矿
球霰石
空晶石
浮石
金红石
石英
电气石
硅灰石
黄铜矿
钠沸石
盐石
乳砷铅铜矿
猫眼石
银星石
铋晶体
磷氯铅矿
银矿石
片状集合
针状集合
树枝状集合
刃状结合
放射状集合

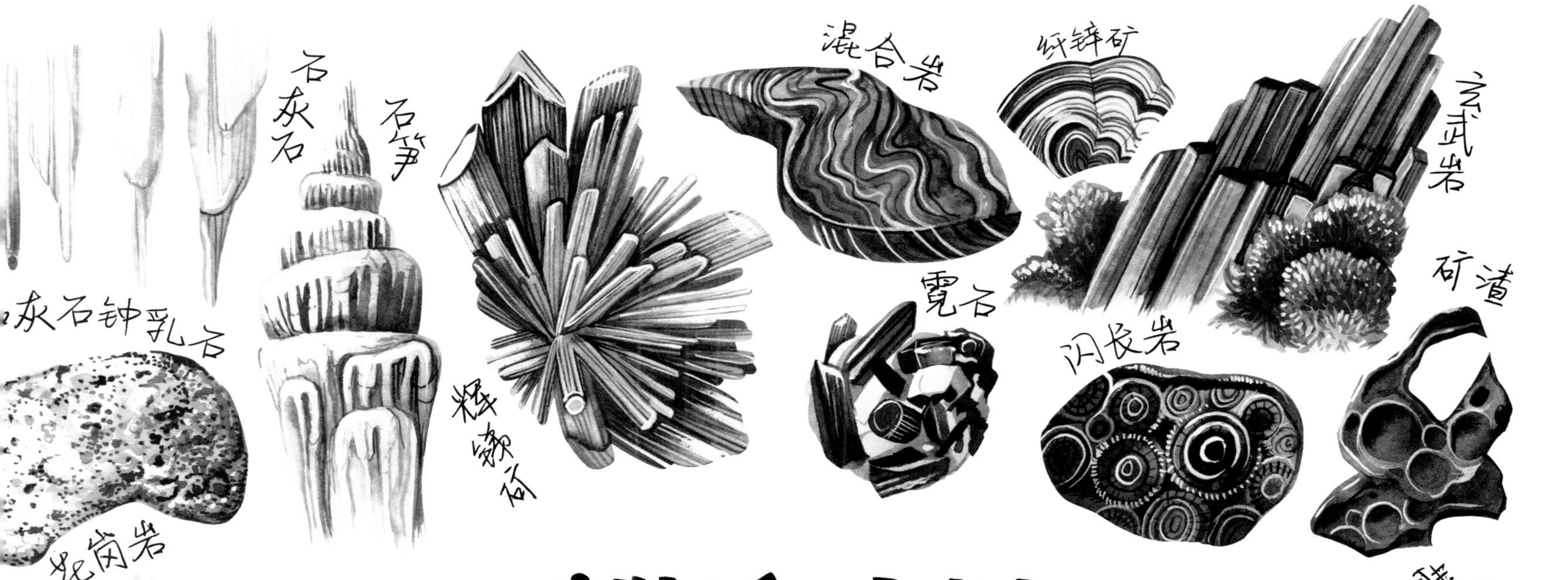

矿物和水晶

矿物被晶格束缚在一起，形成了奇特美丽的水晶。看看沙漠玫瑰——它看起来是不是更像一朵花而不是一块石头？许多不同的矿物以它们多彩的边缘、尖端、剖面以及曲线为这个世界增添了令人着迷的色彩。红宝石、绿宝石，还有海洋一样的绿松石。对了，还有琥珀，史前的虫子被蜂蜜色的树蜡封存了起来，永远永远……

图案形状

波浪形
条纹
树状
圆形
针状
斑点
萝卜
巨砗磲
印度冠豪猪
鹦鹉螺
粒突箱鲀
狮子鱼
树莓
栉蛾
刺鲀
斑马
豹
海杧果种子
金红石
犀咝蝰
女王凤凰螺
孔雀竹芋
女神涡螺
刺花螳螂
环斑海豹
民加拉桉
美叶光萼荷
耳伞弄蝶
大王花
灯笼草
枯球鹗纹蛾
橡树叶
海菊蛤
线条红蝽象
七星瓢虫
周期蝉

万花筒

你能找到有以下形状和图案的植物、动物和矿物吗？

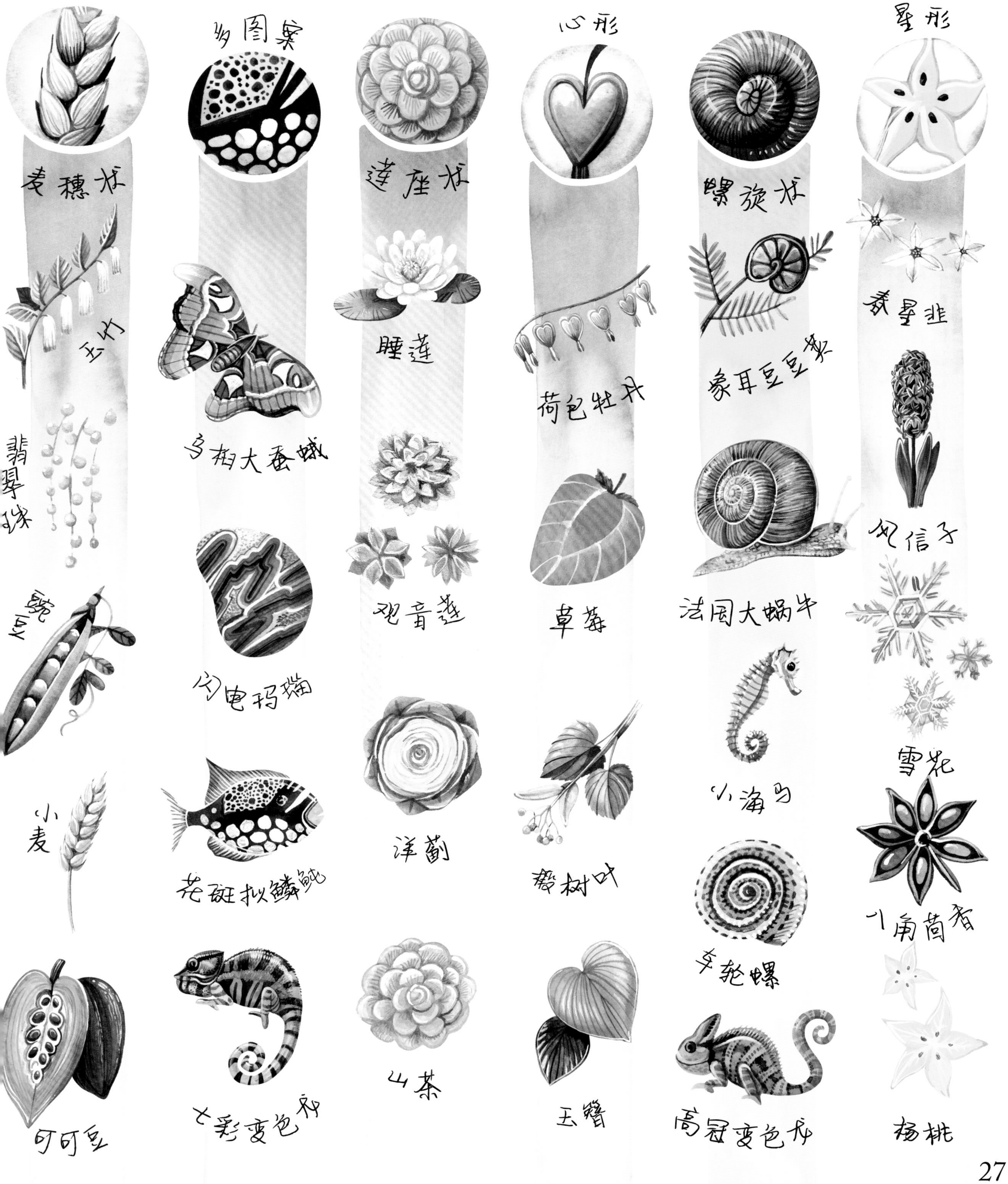

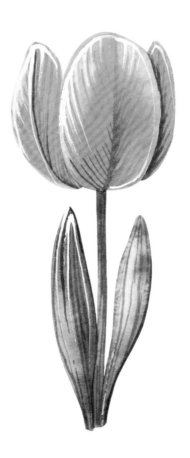

版权登记号:03-2022-033

图书在版编目（CIP）数据

大自然的美学．自然界的形状和图案 /（捷克）亚娜·赛德拉科娃，（捷克）斯捷潘卡·塞卡尼诺娃著；（捷克）玛格达莱娜·科内奇纳绘；胡运彪译．-- 石家庄：河北科学技术出版社，2023.6
书名原文：Shapes and Patterns in Nature
ISBN 978-7-5717-1437-6

Ⅰ．①大… Ⅱ．①亚… ②斯… ③玛… ④胡… Ⅲ．①自然科学－少儿读物 Ⅳ．①N49

中国国家版本馆 CIP 数据核字 (2023) 第 011721 号